RESUMÉ ANALYTIQUE

DES

TRAVAUX SCIENTIFIQUES

ET LITTÉRAIRES

DU DOCTEUR

ADOLPHE-BENESTOR LUNEL

Membre des Académies impériales des Sciences de Caen, de Chambéry, etc.; ancien Médecin commissionné par le Gouvernement pour l'épidémie cholérique de 1854; Membre honoraire et Secrétaire-Général perpétuel de la Société des Sciences industrielles, Arts et Belles-Lettres de Paris; Rédacteur-Propriétaire de la Revue des Sciences et du Bulletin Médico-Pharmaceutique.

PARIS

TYPOGRAPHIE DE GAITTET

RUE GIT-LE-COEUR, 7

—

1864

RÉSUMÉ ANALYTIQUE

DES

TRAVAUX SCIENTIFIQUES

ET LITTÉRAIRES

DU DOCTEUR

ADOLPHE-BENESTOR LUNEL

RÉSUMÉ ANALYTIQUE

DES

TRAVAUX SCIENTIFIQUES

ET LITTÉRAIRES

DU DOCTEUR

ADOLPHE-BENESTOR LUNEL

RÉSUMÉ ANALYTIQUE

DES

TRAVAUX SCIENTIFIQUES
ET LITTÉRAIRES

DU DOCTEUR

ADOLPHE-BENESTOR LUNEL

Membre des Académies impériales des Sciences de Caen, de Chambéry, etc.; ancien
Médecin commissionné par le Gouvernement pour l'épidémie cholérique de 1854;
Membre honoraire et Secrétaire-Général perpétuel de la Société des Sciences indus-
trielles, Arts et Belles-Lettres de Paris; Rédacteur-Propriétaire de la REVUE DES
SCIENCES et du BULLETIN MÉDICO-PHARMACEUTIQUE.

ANTHROPOLOGIE.

De l'homme physique. (Annales de l'Académie de l'enseignement,
1850. — Reproduit dans le journal *la Science*, le *Bulletin de la
Société des Sciences industrielles*, etc., etc.)
Ce travail est divisé en quatre parties :
I. Empire de l'homme sur la création.
II. Caractères physiques propres à l'humanité.
III. Histoire de la vie humaine.
IV. Des races humaines.
La taille de l'homme a-t-elle diminué depuis les temps anciens?
(*Journal encyclopédique; Dictionnaire universel des connaissances
humaines*, t. IV; *Revue des Sciences*, etc.

CRITIQUE.

Examen et réfutation de quelques erreurs de Raspail, relatives aux
causes des maladies. (*Journal encyclopédique*, année 1857, nos 73,
74, 75 et 76.)

HISTOIRE NATURELLE APPLIQUÉE.

Recherches sur les causes de l'empoisonnement par les moules.

(*Journal encyclopédique*, t. III, n° 60 et 64, avril 4857) ; *Abeille médicale*, année 4858, p. 473; *Revue des Sciences*, année 4858, n. 4.)

Des acéphalocystes. (Journal *la Science*, année 4856; *Dictionnaire universel des connaissances humaines*, t. I; *Revue des Sciences*, n. 7, etc.)

De la salamandre. — Réfutation de plusieurs erreurs relatives à ce reptile, expériences diverses. (*Journal encyclopédique*; *Revue des Sciences*, t. III, n. 62, avril 4857.)

De la décollation chez les limaçons ou hélix. (*Journal encyclopédique*, année 4857 ; diverses autres publications scientifiques.)

Recherches sur le venin de la vipère. (*Journal encyclopédique*; *Revue des Sciences*, 4858; *la Science contre le préjugé*, etc.)

Du crapaud. — Réfutation de plusieurs erreurs relatives à ce reptile, expériences nouvelles. (Inséré dans la *Revue des Sciences*, le *Dictionnaire des connaissances humaines*, etc., etc.)

Aide-mémoire d'histoire naturelle pour l'étude des animaux destinés à l'acclimatation, in-12, avec planches, 4861.

Des aérolithes, de leur nature ; tableau chronologique des pierres tombées du ciel, depuis quinze siècles avant l'ère chrétienne jusqu'à nos jours. (*Dictionnaire universel des connaissances humaines*, t. I.)

Guide pratique de l'acclimatation des animaux domestiques, étude des animaux destinés à l'acclimatation, la naturalisation et la domestication, pouvant servir de guide au Jardin d'acclimatation. 4 vol. in-48 jésus, 488 pages avec gravures.

MÉDECINE.

CLINIQUE MÉDICALE.

Observation d'un cas de suette maligne, faite à Monbrehain, le 31 août 4854, sur la nommée Catherine Vérinoux, âgée de 55 ans. (Insérée dans *l'Abeille médicale*, t. XII, année 4855, n. 4, p. 3.)

Blennorrhagie. (Traitement par la méthode de M. le Dr Bonnafont, médecin principal de l'hôpital militaire du Gros-Caillou.)

Hystérie chez l'homme (cas d'). (Inséré dans *l'Abeille médicale*, t. XII, 20° livraison, p. 492, année 4855.)

Empoisonnement par les fleurs de prunier. (Inséré dans *l'Abeille médicale*, t. XII, année 4855, n. 22, p. 248.)

De la phthisiophobie (nouvelle maladie). (*Abeille médicale*, t. XII, année 4855, n. 25, p. 242.)

De l'apoplexie nerveuse. (Inséré dans *l'Abeille médicale*, t. XII, année 1855, n. 26, p. 252.)

Choléra asiatique. (Observations d'anatomie pathológique et de symptomatologie.)

Quinze observations d'anatomie pathologique et de symptomatologie, faites sur le choléra, pendant la mission cholérique de M. B. Lunel. (Adressées à l'Académie impériale de médecine et insérées dans la Revue des sciences du *Journal encyclopédique*, t. II, n. 30, année 1856.)

Du danger des opiacés dans les maladies des enfants. (Inséré dans la Revue des sciences du *Journal encyclopédique*, t. II. n. 29, 11 septembre 1856; dáns *la Revue des Sciences*, etc.

De la contagion de la varioloïde. (Inséré dans la Revue des sciences du *Journal encyclopédique*, t. II, n. 29, septembre 1858; dans le *Dictionnaire des connaissances humaines*, etc.

Des sensations fallaces de l'ouïe. (Inséré dans *l'Abeille médicale*, t. I, année 1856.)

Des constitutions réfractaires aux effets de l'huile de croton tyglien. (*Journal encyclopédique*, t. II, n. 33, octobre 1856.)

Paralysie et états morbides divers largement modifiés par l'électricité. (*Electrothérapie* du 15 décembre 1856.)

Deux sciatiques chez le même individu, guéries en dix séances par la faradisation des nerfs sciatiques. (Journal *l'Electrothérapie*, décembre 1855.)

Du tarentisme ; recherches sur ses causes et sur ses effets. (*Courrier médical*, 1861.)

Névralgie trifaciale guérie par l'électricité. (Inséré dans *l'électricité médicale*, n. 5, année 1857.)

Ecthyma symptomatique guéri par l'électricité. (*Electricité médicale*, année 1857, numéro de juillet ; *Abeille médicale*, 1859.)

De l'électricité appliquée au traitement des maladies. (Travail important et des plus remarquables sur l'historique, l'origine et les progrès de la science de l'électricité; *procédés opératoires et indications générales de traitement*.) (Revue des sciences du *Journal encyclopédique*, t. II, n. 35, 36, 37, 38, 39, 40, 46, 47 et 48 (d'octobre 1858 à janvier 1859.)

De la tolérance du chloroforme. (*Abeille médicale*, année 1857.)

Des ascarides vermiculaires. (*Abeille médicale*, année 1857.)

Du rhumatisme cérébral. (*Abeille médicale*, t. XIV, année 1857, p. 241.)

Du danger des douches de vapeur dans certains cas d'anesthésie. (*Abeille médicale*, t. XV, p. 394, année 1858.)

De l'acuponcture. son histoire; utilité de cette opération en médecine. (*Journal encyclopédique*, t. I.)

Du traitement de quelques maladies au XVIIe siècle. — Epilepsie, rage, cancer. (*Abeille médicale*, 1861.)

Les amulettes et de leur inutilité. (*Dictionnaire de la conservation de l'homme.*)

Exposé du système Raspail. (*Journal encyclopédique.*)

Allopathie et homœopathie. — Parallèle de ces deux systèmes de médecine. (*Dictionnaire universel de médecine*, t. I.)

Du magnétisme et de ses insuccès. (*Dictionnaire de la conservation de l'homme.*)

Des charlatans nomades, titrés et non titrés. (*Journal encyclopédique*, t. III.)

HYGIÈNE PUBLIQUE ET PRIVÉE.

Des maladies des tanneurs. (*Courrier médical*, 1859.)

Hygiène des saisons. (*Conseiller universel*, 1861.)

De la distribution des eaux dans les villes. (*Id.*, 1861.)

Des maladies des ouvriers et des imprimeurs typographes. (*Courrier médical*, 1860.)

Des abattoirs et de leur importance. (*J. Encyclopédique*, 1856.)

Des abreuvoirs et des conditions qu'ils réclament. (*Id.*)

Des bains considérés sous le rapport de l'hygiène. (*Dict. des Connaissances humaines*, t. III.)

Du danger des bonbons colorés. (*Id.*, t. III.)

De la constatation des naissances à domicile et de l'utilité de créer des médecins vérificateurs des Naissances. (*Revue des Sciences*, 1861.)

HYGIÈNE ALIMENTAIRE.

De la viande et de son insuffisance dans l'alimentation. (*J. Encyclopédique*, t. I.)

Des boissons au point de vue de l'hygiène. (*Dict. universel des Connaissances humaines*, t. III.)

De l'action physiologique du café. (*Gaz. alimentaire*, 1859.)

De la caféine et de sa composition. (*J. Encyclopédique*, t. III.)

Des acides considérés sous le rapport hygiénique. (*Dict. universel de Médecine.*)

Du sucre ; preuve que les anciens le connaissaient, ses propriétés, etc. (*Courrier médical*, 1861.)

De la bière et de ses propriétés alimentaires. (*Conseiller universel*, 1861.)

PHYSIOLOGIE.

Des combustions humaines spontanées. (Inséré dans le *Journal encyclopédique*, nᵒˢ 16, 18, 21 et 25, année 1856 ; reproduit par un grand nombre de publications scientifiques.)

Des générations spontanées. (Mémoire lu à la classe des Sciences de la Société des Sciences industrielles, Arts et Belles-Lettres de Paris, dans sa séance du 21 janvier 1859. — Inséré dans la *Revue des Sciences* du 1ᵉʳ février 1859,—et au mot : Productions spontanées du *Dictionnaire universel des Connaissances humaines*, t. VI.)

La prédominance du bras droit est-elle naturelle, ou est-elle le résultat de l'éducation? (*Annales de l'Académie de l'enseignement*, 1850 ; journal *la Science* ; *Dictionnaire universel des Connaissances humaines*, mot ambidextre, etc.)

Du danger de porter les corsets trop serrés. (*Dict. universel des Con-*

naissances humaines: *Revue des Sciences*; *Annales de l'Académie de l'Enseignement*, etc.)

Des arsénicophages. (*Dict. des Connaissances humaines*, t. II.)

De l'adolescence, au point de vue physiologique. (*Id.*, t. I.)

De la céphalométrie, exposé du système de M. d'Harembert. (*Id.*, t. III.)

De l'absinthisme. (*Abeille médicale*, 1859.)

De la faculté de plonger. (*Courrier médical*, 1861.)

Des effets physiologiques des boissons spiritueuses. (*Id.*, 1861.)

De l'albinisme, sa nature et ses causes. (*Id.*, 1860.)

Dangers des mariages entre consanguins. (*Id.*, t. IV.)

Des signes certains de la mort. (*Id.*, t. IV.)

De l'onanisme et des moyens de le combattre. (*Ann. de l'Académie de l'Enseignement*, 1850.)

De la croissance et des phénomènes physiologiques qui s'y rattachent. (*J. Encyclop.*, t. IV.)

De l'agonie dans les maladies. (*Dict. universel de Médecine*, t. I.)

ŒUVRES LITTÉRAIRES.

Coup d'œil critique sur le dictionnaire de l'Académie française.

Émancipation de l'enseignement, 1849, reproduit en 1850 dans le *Dictionnaire encyclopédique d'instruction, d'éducation et d'enseignement*; en 1854, dans le *Moniteur des Intérêts matériels*, journal belge, et dans divers journaux littéraires français.

Jusqu'à quel point la culture des sciences et des arts doit-elle faire partie de l'éducation des demoiselles? (*Annales de l'Académie de l'Enseignement*, 1848.)

De l'utilité des conférences d'instituteurs. (*Annales de l'Académie de l'Enseignement.*)

Quelle est l'utilité du chant sous le rapport moral, hygiénique, économique et national? (*Bulletin de l'Académie de l'Enseignement*, janvier 1847.)

Discours sur l'utilité des récompenses décernées à la jeunesse. (*Annales de l'Académie de l'Enseignement*, année 1848.)

Discours sur l'instruction et l'éducation universitaires. (Inséré dans le *Bulletin de l'Académie de l'Enseignement* et dans les divers recueils destinés aux professeurs.)

Discours sur l'utilité des belles-lettres. (Inséré dans l'ouvrage intitulé : *Trente discours pour distribution de prix*, 1847.)

Ajoutons à ces travaux plusieurs mémoires à l'Académie impériale de Médecine :

MÉMOIRES

1° Mémoire présenté à la séance du 7 avril 1862, sur la *Contagion*, etc., et qui a été inscrit au concours pour le prix de m decine et de chirurgie de 1862.

2° Mémoire présenté au mois d'août 1863. — Titre : *Nouvelle théorie sur les combustions humaines spontanées.* Envoyé à l'examen de MM. Andral, Rayer et Bernard.

3° Mémoire présenté le 1er février 1864 sur les *dangers qui résultent pour l'hygiène publique de la fabrication des allumettes phosphoriques.* Inscrit au concours pour le prix des *arts insalubres.*

PRINCIPAUX OUVRAGES PUBLIÉS.

Manuel complet et méthodique d'enseignement primaire, élémentaire, précédé d'un coup d'œil philosophique sur l'enseignement primaire en France. Histoire en général. Instruction morale et religieuse. Histoire de France. Pédagogie. Devoirs de l'instituteur. Planche de géométrie.

Cours élémentaire d'histoire.

Histoire sainte.

Récit de l'histoire de l'Église jusqu'à Clovis.

Dictionnaire critique et raisonné des mots français en *al* et en *ail*.

Vocabulaire des noms composés de la langue française.

Leçon primaire de géométrie (appliquée à l'étude du dessin linéaire).

Réponses à tous mes critiques.

Discours sur l'instruction et sur l'éducation, prononcé par l'auteur à une des sociétés savantes dont il était le fondateur.

CHIMIE INDUSTRIELLE.

Mille procédés industriels. Dictionnaire universel de secrets d'une application sûre et facile.

Traité de la fabrication des vins, comprenant la vinification française et étrangère, les causes et le traitement des maladies et altérations des vins, etc., etc. 2 éditions.

Guide pratique du parfumeur. Dictionnaire des cosmétiques et parfums, contenant la description des substances employées en parfumerie, etc., etc. Ouvrage inédit, présentant des considérations hygiéniques sur les préparations cosmétiques qui peuvent offrir des dangers dans leur emploi. 1 vol. in-12, 215 pages.

Le trésor des villes et des campagnes, répertoire universel de connaissances utiles, recettes, secrets, dans l'agriculture, l'économie rurale, les arts et manufactures. In-12, 536 pages.

Dictionnaire universel de médecine. Ouvrage essentiellement pratique et complétement au niveau de la science. 4 vol. in-12, divisés en deux tomes, avec atlas d'anatomie.

Guide pratique d'hygiène et de médecine usuelle, complété par le traitement du choléra épidémique. 1 vol. in-18 jésus, 209 pages.

Traité des maladies des cheveux et de tout le système pileux. In-12, 1860.

Dictionnaire de la conservation de l'homme ; encyclopédie d'hygiène, de physiologie, de médecine et de chirurgie pratiques. Plusieurs éditions. 5e édition, 1857 à 1861.

Formulaire médical. 1 vol. in-12, 1861.

Atlas élémentaire et descriptif d'anatomie. 1 vol. in-12, 1861.

Vade-mecum des pharmaciens.

Tableau synoptique des cas d'exemption et de réforme du service militaire en France.

Dictionnaire universel des connaissances humaines, publié sous la direction de M. B. Lunel; 8 vol. tr.-gr. in-8° à deux colonnes, compactes, illustrés de plus de 1200 planches, contenant la matière de 60 vol. in-8.

Dans cet ouvrage, dont le succès a été constaté par deux médailles d'or et par la médaille d'honneur de 1re classe de la Société universelle de Londres, M. B. Lunel a écrit plus de deux cents articles d'anatomie, de physiologie, d'hygiène, de pathologie interne et externe, de médecine légale, d'histoire naturelle, de critique, etc., etc.

M. le Dr Lunel a en outre publié :

Une série d'ouvrages didactiques sur la langue française, sur les mathématiques élémentaires, etc., etc.

Un Manuel complet et méthodique d'enseignement. (Paris, 1846, 1 vol. de près de 1000 pages.)

Un Dictionnaire critique et raisonné des erreurs en médecine. 1 vol. in-12, 1850-1851, 2 éditions.

Une Relation complète de l'épidémie cholérique de Montbrehain (Aisne), 1854, in-8°, Saint-Quentin. Ouvrage dédié à M. le Ministre de l'agriculture.

Des Causes du choléra à Montbrehain. (Rapport général sur l'épidémie cholérique de 1854. In-8°.)

Plus de cinq cents Rapports de Sociétés savantes (1845-1864).

Soixante Rapports médico-légaux (1854-1864).

Trente-cinq Discours prononcés dans diverses réunions scientifiques, artistiques ou littéraires.

Quinze Éloges de professeurs, savants ou artistes décédés (1846-1863).

Et plus de trois cents articles importants fournis à la presse non politique de 1848 à 1864.

Les travaux de M. le Dr Lunel ont été publiés ou reproduits dans un grand nombre de publications scientifiques ou de journaux littéraires; nous citerons notamment, et par ordre alphabétique, les suivants :

Abeille médicale;
Annales de l'Académie de l'enseignement;
Bulletin de l'Académie de l'enseignement;
Bulletin de la Société des Sciences industrielles, Arts et Belles-Lettres de Paris;
Dictionnaire encyclopédique d'instruction, d'éducation et d'enseignement;
Dictionnaire universel des connaissances humaines ;
Emancipation de l'enseignement (1849);
Journal encyclopédique;
Le journal *l'Electrothérapie ;*
Le journal *l'Electricité médicale;*
Le journal *la Science;*
La Science contre le préjugé;
Moniteur des intérêts matériels (journal belge);
Revue des Sciences.

RÉCOMPENSES HONORIFIQUES

Décernées à M. le Dr Lunel pour ses travaux.

Cinq médailles de bronze;
Six médailles d'argent;
Six médailles d'or ;
    De plus :
Deux médailles d'argent ⎱ pour le choléra.
Deux médailles d'or ⎰

Les deux dernières médailles d'argent lui ont été décernées en vertu de la délibération municipale et de la décision ministérielle dont les copies textuelles suivent :

CONSEIL MUNICIPAL DE MONTBREHAIN (AISNE).

Extrait du Discours de M. le Président du Conseil, en remettant aux médecins de Montbrehain cette récompense (28 août 1854).

« Hâtons-nous, Messieurs, de voter des remerciements à ces
« hommes courageux, qui non-seulement ont su prodiguer des
« soins empressés à nos cholériques, mais encore nous ont pré-
« senté divers projets administratifs, hygiéniques et sanitaires, qui
« les honorent autant que la noble profession qu'ils exercent.

« Pour reconnaître, Messieurs, autant qu'il est en nous le courage

« et le dévouement de MM. Lunel et Dieu, nous avons cru devoir
« leur décerner une médaille d'argent, sur laquelle se trouve gravée
« l'expression de notre sympathie. Que ces hommes d'élite reçoi-
« vent cette récompense, non comme la rémunération de leur
« courage, mais comme une faible marque de la haute appréciation
« que nous faisons de leur mérite. »

MINISTÈRE DE L'AGRICULTURE.

RÉCOMPENSE POUR LE CHOLÉRA.

Monsieur,

Par un arrêté du 1er février 1855, je vous ai décerné, au nom de
l'Empereur, une médaille d'argent, en récompense du zèle et du
dévouement remarquables dont vous avez fait preuve pendant la
dernière épidémie du choléra. Je suis heureux de vous annoncer,
comme un témoignage de la reconnaissance publique, la distinction
honorable dont vous êtes l'objet, et je vous prie d'en agréer mes
félicitations.

Le Ministre,
ROUHER.

A M. Lunel, médecin.
15 février 1855.

Épidémie cholérique de Montbrehain.

MISSION DE M. B. LUNEL.
Certificat de sa Mission.

MAIRIE DE MONTBREHAIN.

Nous, Maire de la commune de Montbrehain, etc.,

Nous nous faisons un plaisir autant qu'un devoir de déclarer que
M. B. Lunel, médecin de la Faculté de Paris, commissionné par
M. le Ministre de l'agriculture pour l'épidémie cholérique de
Montbrehain, a rempli sa mission avec courage, intelligence et dé-
vouement.

Arrivé le 2 août à dix heures du soir, il a pris sur-le-champ les
mesures hygiéniques susceptibles d'atténuer la violence du fléau ; il
a ensuite proposé au Conseil municipal la construction d'une *am-
bulance*, d'une *maison mortuaire*, etc. Ses soins éclairés n'ont cessé
un seul instant d'être prodigués à tous les cholériques, dont le
nombre atteignait au 15 août le chiffre énorme de 132.

Rentré chez lui, et au lieu de se livrer à un repos nécessaire, il
examinait les nouveaux modes de traitement qui lui étaient pro-
posés, rédigeait chaque jour un rapport détaillé à M. le sous-préfet,
et publiait une *relation complète de l'épidémie*, ouvrage dédié à M. le
Ministre de l'agriculture, et qui contient des considérations admi-

nistratives, hygiéniques, scientifiques et médicales de la plus haute importance.

M. B. Lunel a complété sa mission par un *Rapport général au Conseil municipal de Montbrehain*, dont les conclusions sont de nature à nous permettre d'espérer de conjurer l'inexorable fléau, s'il reparaissait un jour dans notre pays.

Ajoutons que ce jeune médecin, aussi instruit que modeste et populaire, a voulu laisser une marque encore plus durable de son passage dans Montbrehain, en fondant une *bibliothèque communale*, la première qui y ait existé. Cette création utile honore M. B. Lunel au plus haut point, et attache doublement son nom à l'histoire de notre commune.

C'est en considération d'un zèle aussi soutenu, d'un dévouement aussi grand que le Conseil de Montbrehain a cru devoir donner à M. B. Lunel un gage de sa sympathie et de sa reconnaissance, en lui décernant une *médaille d'argent*, sur laquelle se trouve gravée l'expression de sa gratitude, et en cela, le Conseil municipal n'a été que l'écho des sentiments de toute la population de Montbrehain.

En foi de quoi nous lui avons délivré le présent certificat.

En la Mairie de Montbrehain, le 2 septembre 1854.

Le Maire de la commune de Montbrehain,

GÉRARD.

Vu pour la légalisation de la signature de M. Gérard, maire de la commune de Montbrehain.

Je soussigné, déclare, de plus, m'associer aux éloges qui sont donnés à M. B. Lunel; dans les fréquentes visites que j'ai faites à Montbrehain, j'ai vu ce jeune praticien à l'œuvre, et je me plais à reconnaître qu'il a montré autant de zèle que d'intelligence durant le cours de l'épidémie; son infatigable dévouement mérite une récompense, et je suis heureux si mon témoignage peut contribuer à la lui faire obtenir.

Fait à Saint-Quentin, le 3 septembre 1854.

Le Sous-Préfet,

ÉMILE PAUL.

Vu pour la légalisation de la signature de M. Émile Paul, sous-préfet de l'arrondissement de Saint-Quentin.

Laon, le 22 septembre 1854.

Le Préfet,

BOITELLE.

Paris. — Gaittet, imprimeur de la Société des Sciences industrielles
rue Git-le-Cœur, 7.